推薦序

　　香港，一直是真正饕客心目中的美食天堂，香港師傅也一直是知名餐廳廚房中的要角，一切的原因乃是源自於香港人對美味的追求，認真執著的態度，令人欽佩。

　　Annie Wong黃婉瑩，一位香港的烹飪導師，喜歡嘗試搭配不同的味道，在反覆成功、失敗、驚喜、失望中追尋著烹飪的樂趣，也展現了香港人對美味、美食追求的熱忱。

　　很高興有機會將Annie的食譜引介給台灣讀者，希望你們能發現：雖然有著相同的菜名，但吃起來的味道就是不一樣，那是因為裡面加了Annie的心意與新意。

　　願你們在烹調的時候，能跟Annie一樣，享受期間的樂趣。

程顯灝

作者介紹

黃婉瑩

烹飪導師

二十多年教學經驗，一顆熾熱之心仍然不倦，喜愛與人分享烹調心得，學生來自世界各地。

著名電視烹飪主持

擔任電視烹飪節目主持逾十多年，粉絲群不分年齡性別，無遠弗屆至全球能收看華語節目的地方，極受歡迎。

食物全接觸

1980年開始為飲食雜誌、廣告擔任食物造型師，並擔任眾多著名食物品牌及廚具的飲食顧問

被邀請到多個國家作中菜示範，推廣中國的烹飪藝術

撰寫食譜及擔任電台嘉賓主持

全心全意愛烹飪

飲食無國界，Annie愛到世界各地尋找道地菜餚及特殊食材，舉凡西菜及東南亞菜餚都是她的拿手好戲。

作者序

我從事烹飪導師多年，很幸運這份工作是我的興趣所在，因此腦筋無時無刻都在思考有關烹飪的事情。

很多朋友及粉絲都以為作為一個熱愛下廚的人，我家一定擺滿了琳瑯滿目的材料。我也希望如此。試問一位愛下廚的人看見心儀的食材，都會巴不得搬回家調製一番！但可惜香港家居地方淺窄，容不下太多東西，所以最終在我的廚櫃裡只能存放一些常用基本調味料。

但你可別小看這些基本調味料。這次我為大家介紹的9種調味料，只要運用得宜加上一些巧思，便可烹調出數十款美食。

如你也是地方有限，又或你是廚房新手，正要為你的廚房添置材料，不妨就先由這9種調味料開始，保證足夠令你大快朵頤！

目 錄 | CONTENTS

蠔油 *Oyster sauce*

蠔油是一種很特別的調味料。它的味道並不濃烈,當中蘊含的鮮、鹹、甜味都是淡淡的。雖然如此,加入了蠔油的菜餚,總會給人煥然一新的感覺,無論與素菜、肉或海鮮的搭配都十分適合。

台式皮蛋肉鬆豆腐
Chilled Tofu with Century Egg and Pork Floss

要選一道簡單、美觀、美味且百吃不厭的前菜，
「台式皮蛋肉鬆豆腐」必然是我的首選！
雪白的即食豆腐鋪上皮蛋粒，灑上切碎香菜、葱花及肉鬆，
單是賣相就滿分囉！其簡易製作方法更是救急菜之選！

材料

嫩豆腐	1盒（冷凍）
皮蛋	1個（切碎）
肉鬆	2-3湯匙
葱末	1湯匙
香菜末	1湯匙（隨意）

調味醬油

蠔油	3湯匙
純麻油	2湯匙
糖	1茶匙

做法

1. 調味醬油拌勻，試味道。

2. 豆腐濾乾水分，盛盤，用刀劃成8份。

3. 把皮蛋放豆腐上，淋上調味醬油，灑上適量肉鬆、葱及香菜末在表面即為涼拌前菜。

Note
· 調味醬油味道要重，是因要配合味道偏淡的豆腐。
· 如採用盒裝豆腐，要在食用前才從冰箱取出，可避免豆腐水分喪失。

蠔油牛肉，這道家傳戶曉的小菜，向來都是大廚師的招牌菜。

因為成功的炒牛肉，必須要有鍋氣。

牛肉當然要鮮嫩適中，還要不多不少的芡汁以及仍保持青翠的蔬菜。

要達到如此要求，真是少點功夫都不成！

蠔油牛肉

Fried Beef Fillet with Oyster Sauce

材料

嫩牛肉	150克
芥蘭	300克
薑	2片
蒜頭	1粒（切片）

炒菜調味料

鹽	1/3茶匙
糖	1/2茶匙
水	3湯匙

芡汁

水	5湯匙
蠔油	2湯匙
淡醬油	1茶匙
糖	1/2茶匙
太白粉	1茶匙

醃料

（一）

蘇打粉	1/4茶匙
水	1湯匙

（二）

淡醬油	1又1/2茶匙
糖	1/4茶匙
麻油及胡椒粉	各少許
太白粉	1/2茶匙
水及油	1湯匙

做法

1. 牛肉橫紋切薄片，先與醃料（一）拌勻，待蘇打粉水滲透到肉片裡，再加醃料（二）拌勻，待30分鐘。

2. 芥蘭摘去白色花，切段，沖淨及瀝乾。

3. 將2湯匙油油溫加高並爆香薑片，加入炒菜調味料拌勻，隨即放入切好的芥蘭，用中火炒，可蓋鍋蓋30秒至1分鐘至菜熟。取起菜，瀝乾淨後便可盛盤。

4. 將鍋子洗淨擦乾，加2湯匙油，放入牛肉，弄散，每邊微煎，加入蒜片一起炒至牛肉九分熟。可把牛肉盛出或撥至鍋邊。

5. 倒入芡汁煮滾後，牛肉放回芡汁內，快手翻炒，把牛肉及芡汁淋於芥蘭上。

Note

・油鍋內先加入炒菜調味料，然後再加入菜一起炒，這樣可避免菜於乾淨熱油內炒乾或焦，又可使菜均勻入味。

蠔皇原隻鮑魚
Braised Abalone in Oyster Sauce

近年乾鮑魚價格不停上漲，除非付出天價，
否則都不能在餐廳吃到有水準的整隻蠔皇鮑魚。
與其白花了錢，不如乾脆在家自己做，
過程並非想像中的繁複，
而且多出來的鮑魚湯汁還可烹調其他美味菜餚
一舉數得！

材料

12隻.....................乾鮑魚
（*日本吉品鮑魚30至33頭）

煨鮑魚材料

（一）
薑.........................10片
蔥.........................4條
水.........................蓋過表面
（二）
光雞.....................1隻（剁成8-10塊）
豬排.....................4片（600克）
（帶骨半肥瘦豬排）
水.........................蓋過表面

紅燒鮑魚醬汁

紅蔥.....................2粒（略拍扁）
煨鮑魚濃湯.........2杯
水.........................1杯
蠔油.....................4湯匙
淡醬油.................2湯匙
糖.........................2湯匙

馬蹄粉水

馬蹄粉.................適量
水（拌馬蹄粉）..適量
陳年醬油.............適量（調色）

Note

· 把鮑魚夾在豬排與雞肉中央，除可避免鮑魚黏鍋底燒焦，也可避免鮑魚浮在表面而變乾。

· 每次開火燜鮑魚前，要用筷子轉竹網一圈，可避免燜時材料黏底。

· 我在燜乾鮑魚時會用切成塊、帶有骨及肥肉的豬排，方便鋪平讓鮑魚墊在底部時避免燒焦。豬排的骨及肥肉，味道較瘦肉香濃，有助提升鮑魚鮮味。

· 雞可選用冷凍，較新鮮的雞經濟實惠，必須帶骨及皮。還可買多8至10隻雞腳一同燜，可提供骨膠原，使燜後的鮑魚更香滑。

做法

1. 乾鮑魚的處理方法：

   乾鮑魚沖淨，用水蓋過表面浸泡4小時至略軟。用牙刷輕輕洗刷乾鮑魚表面，沖淨後放砂鍋內，注入水蓋過表面，加入薑及葱；先煮滾，改用中慢火，蓋好，煮1又1/2小時。熄火後不可打開鍋蓋，待涼。取出鮑魚，用小刀小心清理一端的內臟，再沖淨。

2. 將光雞及豬排汆燙，盡量避免有血水，沖淨備用。

3. 煨鮑魚：

   砂鍋內放一塊竹網，先放一層豬排墊於底部，排上鮑魚，把雞肉塊鋪在表面，倒入熱水至剛好蓋過表面，再煮滾，改用慢火（只見小泡泡浮於水面），蓋好，熬2-3小時，關火。原鍋蓋好，等到煨鮑魚濃湯涼透。（不需放在冰箱）

   重複慢火煨鮑魚的做法，每次開火前先注入熱水蓋過鮑魚，並查看底部有沒有黏住。

   重複3-4次至鮑魚變軟（視鮑魚大小）。取出鮑魚，留下煨鮑魚的濃湯。

4. 紅燒鮑魚方法：

   燒熱1湯匙油，爆香紅葱，倒入醬料煮滾，熬10分鐘。放入鮑魚，改用中慢火燒2小時，原鍋蓋好至醬汁涼透。

5. 享用時，鮑魚與醬汁煮滾，拌入適量馬蹄粉水勾芡，用適量陳年醬油調色，趁熱品嘗。

Remarks

選購乾鮑魚是以「頭」計算。例如30至33頭，這是代表鮑魚的大小，每30至33隻鮑魚共600克重，約18-20克一隻。鮑魚越大，頭數越少。

紅燒菇片
Braised Mushroom Slices

紅燒菇片

Braised Mushroom Slices

物盡其用是我一貫的宗旨,有剩餘的鮑汁,我又怎會不好好利用呢?
其中一個嘗試就是用鮑汁魚湯煨雞腿菇,效果一流,
甚至可當宴席上的「蠔汁素鮑」也不失禮!

材料		醬汁		太白粉水	
雞腿菇	500克	水	1杯	太白粉	1茶匙
西生菜	1個	蠔油	2湯匙	水	1湯匙
蒜頭	2粒(略拍扁)	淡醬油	1茶匙		
紅葱	1粒(略拍扁)	糖	1茶匙		
		麻油及胡椒粉	各少許		

做法

1. 西生菜撕成一片片,沖淨。在半鍋水內,加1茶匙鹽、糖及1湯匙油煮滾,燙熟西生菜,取出瀝乾,放在盤上。

2. 雞腿菇沖淨及切去枯黃部分,切0.5公分厚片,形似鮑魚肉。

3. 將3湯匙油的油溫加高,放下蒜頭及菇片炒熟,取出。

4. 再將1湯匙油的油溫加高,爆香紅葱,倒入醬汁煮滾。

5. 菇片放回醬汁燜煮5-8分鐘至入味及上色,最後用適量太白粉水勾芡,盛在西生菜上。

> ### Note
> ・宜選購較厚的雞腿菇,斜橫切成0.5公分厚片成鮑魚形狀。雞腿菇肉質爽脆,經燜煮後只會更加入味而不會煮爛。
> ・以紅燒方法烹煮成素鮑魚,味道與口感可媲美鮑魚。

魚露 *Fish Sauce*

使用魚露作調味料，主要流行於中國南部沿岸以及東南亞一帶，例如潮州菜便經常見它的蹤影。

魚露味道鹹香味鮮，特別適合烹調海鮮。用它入菜，能帶來一絲異鄉味道，為菜餚添加新鮮感。

現在有些魚露在包裝上會寫上一個數字，到底代表什麼呢？那其實是表示魚露內魚汁的比例，數字愈大，魚鮮味愈濃。

魚露酸辣醬汁
Spicy Fish Sauce Vinaigrette

材料
魚露.....................3湯匙
青檸汁.....................2湯匙
白醋.....................1湯匙
糖或椰糖.................2茶匙
朝天椒.....................1-2隻（切碎）
蒜泥.....................2茶匙
葱末.....................1湯匙
香菜末.....................1湯匙
冷開水.................適量（隨意）

做法
魚露酸辣醬拌勻及試味道。

魚露乳鴿
Pigeon in Fish Sauce

魚露乳鴿

Pigeon in Fish Sauce

材料

冷凍乳鴿................1隻
薑........................2片（略拍扁）
紅葱....................2粒（略拍扁）
魚露....................1/3-1/2杯
黃酒....................3湯匙
冰糖....................3湯匙
水........................5杯

做法

1. 乳鴿沖洗淨，放入半鍋滾水內汆燙3-5分鐘，取出沖淨，擦乾。

2. 用一個中型鍋，將3-4湯匙油的油溫加高，爆香薑及紅葱，放入乳鴿，用中火熱油煎至鴿皮呈微黃色。加水至蓋過乳鴿，再加魚露、黃酒及冰糖。煮滾後，改用中慢火，蓋上鍋蓋燜熟，每10分鐘用湯杓舀取湯汁均勻淋在乳鴿上，使乳鴿均勻上色。

3. 乳鴿約30分鐘便可煮熟。熄火後，將乳鴿浸於湯汁內10分鐘後才取出。切塊盛盤，淋少許魚露醬汁在表面。

Note

· 不同牌子的魚露鹹味與色澤都不同，須試味道來調整魚露與冰糖的份量。
· 將乳鴿汆燙，可去腥味和去血水，讓味道更佳和使醬汁顏色清澈。

烤豬頸肉沙拉
Grilled Pork Cheek Salad

烤豬頸肉沙拉

Grilled Pork Cheek Salad

材料

豬頸肉..................... 1件（250克）

魚露......................... 2-3湯匙

青檸汁..................... 1湯匙

糖........................... 1茶匙

魚露酸辣醬汁（做法看第18頁）

配菜

洋葱（白洋葱或紅洋葱）.............1/2個（切細絲）

生菜...2-3塊（撕成小塊）

朝天椒..1-2隻（切碎）

紅辣椒碎末.......................................1湯匙

紅葱...2個（切片）

撒表面材料

烤香花生粒............2湯匙

做法

1. 把魚露、青檸汁及糖均勻擦在豬頸肉並醃1小時。醃好的豬頸肉放中火烤箱內烤熟，不時把肉片翻轉，烤至兩面甘香。取出，待1-2分鐘才切片。

2. 配菜切好。

3. 豬頸肉片及配菜一起放在大碗內與魚露酸辣醬汁拌勻。

4. 盛盤後撒些香口的烤香花生粒在表面。

斜刀切豬頸肉，既可切斷肉纖維，樣子也好看些。

香煎蚵仔煎
Baby Oyster Omelette – Chaozhou Style

香煎蚵仔煎

Baby Oyster Omelette – Chaozhou Style

材料

蚵仔	150克
大顆雞蛋	4個
香菜末	1湯匙
蔥末	2湯匙

蚵仔調味料

魚露	1茶匙
胡椒粉	少許

蛋調味料

魚露	1 茶匙
胡椒粉	少許

粉漿

番薯粉	3湯匙
水	6湯匙
魚露	1/2茶匙

Note

・採用番薯粉煎蚵仔煎，吃時軟韌有質感；次選可用太白粉，但勿用玉米粉，因黏性不同。

做法

1. 蚵仔撒少許太白粉，用手輕輕揉洗，小心挑出碎殼，沖水數次，瀝乾及擦乾；加調味料拌勻。

2. 番薯粉、水及魚露拌勻成粉漿。

3. 蛋加調味料拌勻。

4. 將3湯匙油油溫加高，放入蚵仔炒數下，隨即加粉漿，煎一煎，倒入蛋液，撒下香菜及蔥，輕輕炒，以中猛火煎香。翻轉另一面，沿鍋邊加入少許油，煎至兩面焦香。

5. 盛盤後沾胡椒粉及魚露品嘗。

碌酥豬肉
Authentic Pork Stew with Fish Sauce

碌酥豬肉

Authentic Pork Stew with Fish Sauce

材料

帶皮豬五花............600克
黑糖.........................1/2塊（切碎）
香茅.........................1條（略拍扁）
薑.............................4片
魚露.........................4-5湯匙
水

做法

1. 帶皮豬五花切成4公分寬長條，再橫切成3公分小塊。

2. 鍋內將2-3湯匙油的油溫加高，加黑糖碎粒用慢火煮溶，先把五花肉的皮放糖漿內慢火煎至金黃色。

3. 加入香茅、薑及魚露拌勻，再加入適量水蓋過表面。煮滾，改用慢火，蓋好，燜至肉變軟；每15至20分鐘拌一拌肉避免黏在鍋底，需要時加入適量水。

4. 肉燜軟後改用中猛火略把醬汁煮至濃稠。

Note

· 糖要煮至起泡，才放入豬肉慢火煎至皮呈現金黃色。小心避免熱油及糖漿飛濺於手上。

椒鹽九肚魚
Crispy Spiced Bombay Duck

椒鹽九肚魚

Crispy Spiced Bombay Duck

材料

九肚魚	600克
魚露	2又1/2 - 3茶匙
胡椒粉	少許
紅辣椒碎末	1茶匙
蒜泥	1茶匙
淮鹽	1茶匙
太白粉	1杯

做法

1. 九肚魚沖淨，剪去頭、鰓及肚部位，再沖淨及擦乾；拌入魚露及胡椒粉醃5分鐘。

2. 將1/3鍋油的油溫加高，油熱時再把九肚魚均勻沾上太白粉，將剪好的魚片放入油內，用猛火熱油炸至熟，取出瀝油。

3. 再把鍋內的油油溫加高，放入九肚魚多炸一次至金黃香脆，取出瀝去油分。

4. 在鍋內將1/2湯匙油油溫加高，爆香紅辣椒及蒜泥，加入九肚魚，撒下適量淮鹽，一起炒均勻，即可盛盤。

**淮鹽做法參考第42頁

Note

· 市場賣的九肚魚都是冷凍保鮮的，宜挑選魚身較堅挺、魚眼及魚鰓有光澤的，這表示魚較新鮮。

· 用魚露醃九肚魚，除可讓九肚魚更入味外，魚露的鹹味還可使魚身更堅挺。

· 九肚魚必須在炸時才沾上太白粉，保持乾爽。

· 炸熟的魚再多炸一次，可揮發出更多水分，使魚身可以長時間保持酥脆。

番茄湯蛋餃
Mini Omelettes with Tomato Consommé

番茄湯蛋餃

Mini Omelettes with Tomato Consommé

材料

蛋	3個
豬絞肉	150克
番茄	2個
榨菜絲	2湯匙
水	3杯
香菜及葱	少許

肉調味料

魚露	1又1/2茶匙
糖	1/4茶匙
太白粉	1茶匙
香菜末	1/2湯匙
葱末	1湯匙

蛋調味料

魚露	1茶匙
胡椒粉	少許

用具

金屬湯杓	1個

做法

1. 蛋加調味料拌勻，番茄切塊，豬絞肉加調味料拌勻成餡料。

2. 取一湯杓，用適量油抹勻內側；慢火燒熱湯杓，倒入2湯匙蛋液，慢慢搖晃湯杓使蛋液在湯杓內側形成圓形蛋皮。蛋液未熟透時加入1茶匙肉餡於蛋皮的一邊，用另一半蛋皮覆蓋肉餡做成半圓形蛋餃，慢火煎至金黃；重複做法煎下一個蛋餃。

3. 水放鍋內煮滾，加榨菜絲及番茄一起煮至濃香。把煎好的蛋餃放湯內煮熟，撒些香菜及葱在湯上面。

Note

・用湯杓代替鍋子煎蛋餃，可讓蛋餃大小均一。
每次煎蛋前必須把湯杓內側均勻抹油，否則蛋
很容易黏住。

胡椒 *Peppercorn*

胡椒可說是眾多香料中的王者，它的足跡遍佈中西各地的菜餚，自古便已於香料貿易中佔一重要地位。胡椒散發的香味非常吸引人，總能給人一種溫暖窩心的感覺！

白胡椒除可用於烹飪外，用棉紗布袋紮好，可放入櫃內驅蟲。

黑白胡椒鹹菜排骨湯

Black and White Peppercorns with Pork Rib Broth

提起潮州菜系的湯，立即浮於腦海的便是「胡椒鹹菜豬肚湯」。
要做一個像樣的「胡椒鹹菜豬肚湯」，
首要條件便是要有濃重的胡椒味，愈重愈好，
最好是喝後要汗流浹背才過癮！
在冬天時品嘗此湯也有祛寒暖胃的效用，
血氣欠佳的人會頓時有暖呼呼的感覺。
如果覺得清洗豬肚過程繁複，
可用排骨代替，肉味會更香濃。

材料

排骨.........................400克（切4公分）
潮州鹹菜................. 120克
黑胡椒粒................. 1/2湯匙（略壓）
白胡椒粒................. 1/2湯匙（略壓）

做法

1. 排骨沖淨，汆燙3至5分鐘，取出沖淨。

2. 鍋內放黑白胡椒粒及10杯水煮滾，加入排骨，先滾5分鐘，改中慢火，蓋好鍋蓋，煨煮30分鐘至排骨出味。

3. 鹹菜沖淨，切小片。加入湯內繼續以中慢火煨煮15分鐘，剩約6碗湯。試味道，趁熱享用，這湯可暖胃及祛寒。

Note

・用白鍋將黑、白胡椒粒先炒香，取出略壓至外殼微微爆烈才用來煲湯，可助辛香味在短時間散發。

黑胡椒牛肉粒

Sauté Beef Cubes with Black Peppercorn

如果牛肉用作快炒，我喜歡選用肋眼部位，除了肉香外，
還因為這部分的油脂分佈均勻，因此份外軟。
要做到外香內嫩，最要緊的是先把牛肉粒的外層煎香，
然後才加入其他材料快炒。加上香氣十足的黑胡椒，
這道菜最適合配紅酒。

材料		醃料		芡汁	
牛肉肋眼	300克	黑胡椒碎末	1/4茶匙	水	5湯匙
洋蔥	1/2個	淡醬油	1湯匙	淡醬油	1又1/2茶匙
芥蘭莖粒	1杯	糖	1/2茶匙	糖	1/2茶匙
蒜末	2茶匙	太白粉	1茶匙	太白粉	1茶匙
黑胡椒碎末	1/2茶匙	油	1湯匙		

做法

1. 牛肉肋眼切塊，與醃料拌勻靜待10分鐘。

2. 洋蔥切大片。

3. 芥蘭莖切小段放滾水內，加少許鹽及糖燙1/2至1分鐘，保持脆口，取出瀝乾。

4. 將2湯匙油的油溫加高，把牛肉粒炒至八成熟，取出。

5. 剩餘油爆香黑胡椒碎末及蒜末，牛肉回鍋，加洋蔥炒，最後加芥蘭莖粒及芡汁一起炒勻。

Note

· 胡椒粉的辛香味不如磨碎的胡椒粒。若要爆香搭配肉及海鮮，
  或作醬汁，必須選用磨碎胡椒粒。

新加坡黑胡椒蟹

Black Pepper Crab Singapore Style

有一次到新加坡旅遊嘗過「黑胡椒蟹」後便留下了深刻的印象，
一直回味至今。辛辣的黑胡椒非但沒有蓋過螃蟹的鮮味，
反而更喚醒了味蕾，愈吃愈美味，最後就連一滴湯汁都不能放過！

材料

肉蟹	600克
麵粉	1湯匙
黑胡椒粒	1/4杯（略壓碎）
蒜末	2湯匙
紅葱	4粒（切片）
葱	2條（切段）
紅辣椒	1隻（切片）
蝦米辣椒醬	1湯匙
九層塔	1株（取葉）
奶油	30克

調味料

淡醬油	1湯匙
蠔油	2湯匙
糖	1湯匙

做法

1. 肉蟹洗淨及切塊，瀝乾水分，加1湯匙麵粉拌勻。

2. 將6湯匙油的油溫加高，放入切好的螃蟹半煎炸至八成熟，取出。

3. 剩2湯匙油加奶油爆香黑胡椒粒及蒜末，加紅葱、葱、辣椒及蝦米辣椒醬炒香。

4. 將螃蟹回鍋，加調味料炒均勻，最後拌入九層塔。

Note

· 蟹塊薄薄撲上麵粉可減少表面濕度，使蟹塊較乾，煎時更金黃香酥。

· 九層塔是羅勒的一種，味道辛香，配海鮮、肉類可增添食物滋味。羅勒的品種繁多，廣泛應用於義大利、東南亞及台灣菜餚中。

鹽 *Salt*

鹽是所有鹹味菜餚的根源。

在烹調中有食鹽、海鹽、岩鹽等等。鹽又可加工製成多種調味品,例如醬油、蠔油、魚露、醬料及其他鹽醃漬食材。鹽可說是「百味之王」。

淮鹽
Spiced Salt

材料

鹽........................2湯匙
五香粉..................1平茶匙

做法

1. 乾鍋炒鹽至乾爽，離火，加五香粉拌勻。鹽的熱力足以引出五香粉的香氣，所以切勿炒五香粉，因乾粉容易炒稠。

2. 放涼後，存放密封玻璃瓶內可保持新鮮數星期。

麻辣椒鹽
Sichuan Pepper Salt

材料

四川紅花椒粒........1湯匙
鹽........................2湯匙

做法

1. 乾鍋炒紅花椒粒至散發香氣。取出磨碎。過篩，去掉梗及雜質。

2. 乾鍋炒鹽至乾爽，加紅花椒碎粒一起炒香。

3. 放涼後，存放密封玻璃瓶內可保持新鮮兩星期。

柴魚紫菜鹽

Bonito Nori Salt

材料

鹽...................................1湯匙
柴魚紫菜日式飯調味料..........1湯匙

做法

1. 乾鍋炒鹽至乾爽。離火,加入調味料拌勻。切勿炒調味料,因柴魚紫菜本是乾的,加熱容易變稠。

2. 放涼後,存放密封玻璃瓶內可保持新鮮一星期。

芝麻鹽

Sesame Salt

材料

白芝麻.....................2湯匙
鹽.............................. 1/2茶匙

做法

1. 乾鍋慢火炒白芝麻至微黃色,不停炒拌避免燒焦。加鹽一起炒勻。

2. 放涼後,存放密封玻璃瓶內可保持新鮮兩星期。

鹽除了是調味料外，它也有良好的導熱功能，因此有很多菜餚如古法鹽烤雞、
鹽烤魚等的做法都是把食材抹上大量的鹽，然後再用高溫把鹽加熱，
待鹽吸收了足夠熱力後把食物煮熟。
這樣去烹調食物的好處是不把食材直接暴露於高溫之下，
水分因此得以保留，食材便可保持濕潤了。

泰式鹽烤烏魚

Salt-baked Grey Mullet Thai Style

材料

烏魚	1條
（重約500-600克）	
細鹽	1/2茶匙
蛋白	1個
粗鹽	12-15湯匙

香料

香茅	1枝（略拍扁）
南薑	4片（略拍扁）
檸檬葉	4片（略撕開）
紅蔥	2粒（略拍扁）
紅辣椒	1-2隻（略拍扁）

泰式酸辣汁

魚露	3湯匙
青檸汁	3-4湯匙
白醋	1湯匙
糖	2-3茶匙
青辣椒	1隻
青朝天椒	1隻
蒜頭	1粒

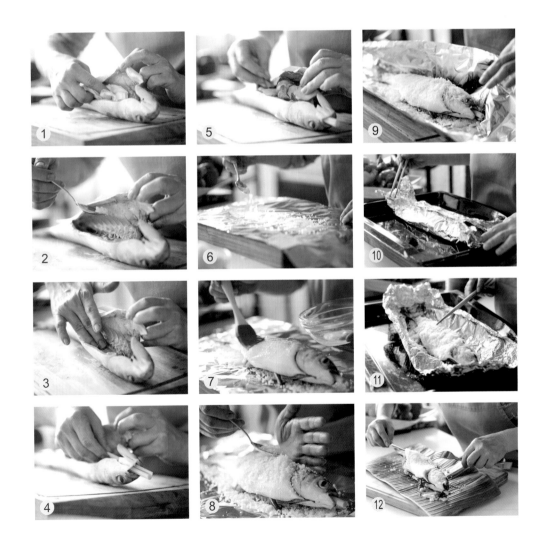

做法

1. 整條烏魚劃開魚肚取出內臟,沖淨及擦乾。用1/2茶匙鹽抹勻魚肚內,塞入香料。用蛋白塗均勻魚身以便沾上粗鹽。

2. 鋁箔紙上撒4至5湯匙粗鹽,撥平至烏魚的長度。放上烏魚,再用粗鹽均勻蓋滿,蓋起鋁箔紙包裹整條魚;將魚放至烤盤。

3. 放入預熱烤箱攝氏200-220度,烤約20-25分鐘(視魚的大小)。若想使魚肉香甜,20分鐘後可小心打開鋁箔紙,繼續烤8至10分鐘至表面鹽呈乾爽及微微金黃,取出盛盤。

4. 食用時用刀叉撥開魚皮及鹽,取出香料,趁熱用泰式酸辣汁沾魚肉吃。

泰式酸辣汁做法

1. 搗碎或用刀切碎青辣椒、青朝天椒及蒜頭。

2. 加魚露、青檸汁、白醋及糖拌勻。試味道,照個人喜愛調整。

Note

· 香料如香茅、紅葱、辣椒等要用刀略拍才容易出味,至於檸檬葉宜用手撕開。

鹽烤螃蟹
Salt-baked Crabs

想要品嘗到蟹肉的真滋味，除了清蒸外，
鹽烤也可做到同樣效果。把螃蟹埋於炒香的鹽巴內，
數分鐘後隨即飄來陣陣香氣。把鹽撥開，
立即便見到橙紅色的螃蟹，還有從蟹爪間滲出的蟹油……
多美味啊！

鹽烤螃蟹
Salt-baked Crabs

材料

螃蟹	4隻（每隻約150克）
粗鹽	1.5千克-1.8千克（視炒鍋大小而定）
八角	10粒

做法

1. 螃蟹擦乾淨，沖洗，瀝乾。

2. 粗鹽與八角放乾鍋內炒香，將鹽炒熱，然後取出三份之二。

3. 將鍋內剩下的鹽撥平，排放螃蟹（不可疊起），將蟹殼朝下。

4. 把先前取出的鹽放回，均勻蓋過每隻螃蟹。

5. 蓋上鍋蓋，以中小火保持溫度，烤12至15分鐘。（視螃蟹的大小）

6. 螃蟹烤熟後，撥開鹽，取出螃蟹，再用小刷清理螃蟹上的鹽巴，便可盛盤趁熱品嘗。

Note

· 先將三分之一鹽與八角同炒，待八角出味後才倒入其餘鹽炒香。

· 要測試炒鹽是否夠熱，可灑少許水在鹽上，如立即蒸發成蒸氣，表示鹽已夠熱可烤螃蟹了。

· 將蟹殼朝下的原因是可避免蟹膏從腳部溢出，浪費美味。

· 把用完的鹽先翻炒至乾透，待涼後可儲存起留用。

新會渣鴨
Braised Duck with Ginger

此菜故名思義就是新會的地方菜,「渣」的意思未能深究,
相信是燜燴慢煮的意思,是我向一位伯母屈老師偷師的。
有一次在友人家品嘗過此鴨,鴨味香濃,層次分明,我大為欣賞!
當然是隨即向伯母請教,伯母也很樂意一五一十的傳授製法。
想不到如此香味豐富的燜鴨,用的調味極簡單,就只是鹽而已!
借此機會,再次感謝屈老師的分享,
讓大家有機會嘗試一下鹽改變食材味道的奧妙。

新會渣鴨

Braised Duck with Ginger

材料

光鴨	1隻（約1.8千克）
薑汁	3湯匙
薑（連皮）	200-250克
蒜頭	8粒
鹽	5-6茶匙
油	1杯
水	適量

做法

1. 光鴨整隻洗淨及擦乾後，再用薑汁抹勻鴨肉，待至皮略乾。

2. 薑連皮沖淨，切厚片略拍。

3. 用乾鍋炒鹽至乾爽，加油後再炒勻，然後加薑及蒜頭炒香。取出薑及蒜，舀起約2茶匙鹽作沾料。

4. 鴨放入油內，慢火煎至微黃色。濾出多餘油，薑蒜回鍋，加入適量水蓋過半隻鴨身，蓋上鍋蓋用中慢火燜熟（約1至1又1/4小時，視鴨大小），每約15分鐘把鴨翻轉，需要時加入適量水避免燜乾水分。

5. 鴨燜熟及軟後取出切塊，排放在盤上，淋上少許燜時產生的湯汁，再以炒過的鹽沾吃。

Note

‧煎鴨時防止濺油的方法，除了擦乾鴨身的水分外，也要刺穿鴨的眼睛，避免鴨眼爆開時弄傷你的肌膚。

椒鹽鮮魷
Deep-fried Squid with Spiced Salt

椒鹽鮮魷

Deep-fried Squid with Spiced Salt

椒鹽魷魚總有一股令人難以抗拒的魅力！
它那酥脆的外層，略帶柔韌的魷魚片，
一口咬下鮮味澎湃，加上椒鹽的辛香，
讓人一片接一片，停不了口！

材料

新鮮魷魚.................. 1-2隻（500克）
蛋.......................... 1/2個（拌勻）
太白粉.................... 1杯
紅辣椒碎末........... 1茶匙
蒜末...................... 1茶匙
淮鹽...................... 1/2茶匙

醃料

薑汁......................... 1/2湯匙
黃酒......................... 1/2湯匙
淮鹽......................... 1/2茶匙

做法

1. 新鮮魷魚取出內臟，沖淨及擦乾，在魷魚內邊劃十字紋，再切片，與醃料拌勻醃5分鐘。

2. 蛋液與魷魚拌勻，沾上太白粉，並拍去多餘的粉。

3. 將1/3鍋油的油溫加高，油熱時把魷魚逐片放入油內，用熱油炸至捲成筒形，取出瀝油。

4. 再把鍋內的油燒熱，魷魚回鍋炸至金黃香脆，取出瀝乾油分。

5. 將1/2湯匙油溫度加高爆香紅辣椒及蒜末，魷魚回鍋一起炒，多撒些淮鹽拌勻會更美味，盛盤後趁熱品嘗。

**淮鹽做法請參考第42頁

新派鹽烤雞
Home-style Salt-baked Chicken

新派鹽烤雞

Home-style Salt-baked Chicken

擔任烹飪導師二十多年,但我仍非常享受這份工作,
其中一個原因便是我常常思考怎樣可把飯店美味化繁為簡,
讓學生們在家也可製作。例如這道鹽烤雞,傳統方法相對複雜,
既要費力炒鹽,烹調時間也較長,一般家廚都會敬而遠之。
於是我便想到用烤箱幫手,先醃、蒸,然後再烤至皮乾,
吃時皮香肉嫩,跟飯店大廚的手勢真可一較高下呢!

材料

光雞....................1隻(1.2千克)
薑....................2厚片(略拍扁)
蔥....................1條(略拍扁)
八角....................2粒
淡醬油....................適量(用來上色)
油....................適量

醃料

薑汁....................2湯匙
鹽....................4茶匙
雞粉....................1茶匙
沙薑粉....................1/2茶匙

沙薑沾醬

沙薑粉....................2湯匙
鹽....................1/4茶匙
油....................1-2湯匙

薑蔥油

薑末....................2湯匙
蔥末....................2湯匙
鹽....................1/4茶匙
糖....................1/4茶匙
油....................2湯匙

做法

1. 光雞洗淨,擦乾,用醃料拌勻全身,醃約1小時。

2. 燒滾水,光雞醃後瀝乾;把薑、蔥及八角放雞腔內,雞盛盤,蒸約20-25分鐘,離火,取出薑蔥,瀝乾雞腔內水分。

3. 用淡醬油抹勻雞皮用來上色,再刷上油。雞放鐵架上,用鐵盤墊底。

4. 放入預熱烤箱攝氏200至220度,烤10至15分鐘至皮呈金黃香脆,取出略涼便可切塊盛盤。

5. 沙薑沾醬及薑蔥油分別拌勻,與鹽烤雞一起食用。

Note

・如家中沒有烤箱，可用滾油淋雞皮，直至雞皮香脆。

・先將雞蒸熟，然後才將雞用快火烤至金黃香脆，可使雞肉保留肉汁。

麻油 *Sesame Oil*

　　亞洲料理使用的麻油（又叫香油）是一種很神奇的調味料，只需灑下數滴，便馬上把整道菜的味道都提升了。特別是用於前菜冷盤的調味，更可讓饕客充分品嘗麻油的香氣。

　　選購麻油時切記要參考標籤上的成分，以100%芝麻製造的純麻油為佳，香味濃郁。市面上也有些是芝麻油混合菜油，香味當然不及100%的純麻油，但售價相對較便宜。

涼拌菠菜

Pickled Spinach

材料

菠菜	300克
蒜末	2茶匙
冷的飲用水	4杯
鹽	1茶匙
糖	1茶匙
純麻油	2-3湯匙
鹽	適量（調味）

做法

1. 菠菜沖淨及整理好。

2. 燒半鍋水，加鹽及糖各1茶匙，放入菠菜，用中火煮熟（約3-4分鐘），取出，放入冷的飲用水內過水，瀝乾。拌入蒜末、適量鹽及麻油調味。放冰箱內醃泡半天。

3. 食用時瀝乾水分，把菠菜盛盤即為前菜。

> ### *Note*
> ・菠菜不要燙得過熟，除了沒有口感外，也會使營養流失。

涼拌豆芽

Pickled Soy Bean Sprouts

材料

黃豆芽	300克
韭菜	4條
冷的飲用水	4杯
鹽	1茶匙
純麻油	2-3湯匙
鹽	適量（調味）

做法

1. 黃豆芽沖淨並整理好。韭菜沖淨並切段。

2. 燒半鍋水，加1茶匙鹽，放入黃豆芽，用中火煮5-6分鐘至黃豆熟，取出，放入冷的飲用水內過水，瀝乾。再燒滾鍋內的水，把韭菜燙熟，取出，放入冷的飲用水內過水，瀝乾。

3. 黃豆芽與韭菜放大碗內，拌入適量鹽及麻油調味，放冰箱內醃泡半天。

4. 食用時瀝乾水分，把豆芽菜韭菜盛盤即為前菜。

Note

・要保持黃豆芽及韭菜的爽脆質感和鮮明色澤，汆燙撈起後，最好馬上放入冷水內沖泡降溫。為了保持衛生，應使用可飲用的冷水。

拍黃瓜

Sesame Flavoured Cucumber

材料

黃瓜....................... 2條（500克）
鹽........................... 1/2-3/4茶匙
麻油....................... 1-2湯匙

調味

A 黑醋..................... 1-2茶匙
B 豆瓣醬................. 1-2茶匙

做法

1. 洗淨後擦乾黃瓜外皮，切開一半，用菜刀拍鬆，再切成小塊。放入大碗內與鹽拌勻，再放進冰箱待30分鐘。這時黃瓜會滲出水分。

2. 食用前把黃瓜瀝乾水分，與麻油拌勻，盛盤即為涼菜。

可隨意加入：

A. 1-2茶匙黑醋（可使用中國黑醋，或用義大利陳醋更佳）：醋可以中和麻油的膩，也可幫助消化。

B. 1-2茶匙豆瓣醬：豆瓣醬味道鹹香帶少許辣，可提升這道拍黃瓜成美味前菜。

Note

・黃瓜放入保鮮袋內，再用菜刀拍鬆，可避免拍黃瓜時汁液四濺。
・將黃瓜拍至纖維鬆開，較易吸收調味料，但不可拍爛。

南瓜毛豆仁
Pumpkin and Soy Bean Kernels

南瓜與毛豆，一軟一硬，口感味道卻出乎意料的搭配。
加上南瓜的鮮黃及毛豆的翠綠，單是賣相便先下一城。
做法不須複雜，只需用鹽水煮熟，撈起與少許麻油拌勻，
放入冰箱待冰涼後便成一下酒小菜。

材料

南瓜	300克
冷凍毛豆仁	1/2杯
冷的飲用水	4杯
鹽	1茶匙
鹽	1/2-3/4茶匙
麻油	1-2湯匙

做法

1. 南瓜去皮及瓤，沖淨切塊。

2. 燒半鍋水，加1茶匙鹽，放下南瓜塊燙至熟（約2-3分鐘），取出，放入冷的飲用水內過水，瀝乾。

3. 冷凍毛豆仁解凍，沖淨，放入滾水內燙熟，取出，放入冷的飲用水內過水，瀝乾。

4. 把南瓜及毛豆仁放大碗內，加入適量鹽及麻油拌勻調味，放冰箱醃30分鐘即可享用。

Note
・市場上有不同產地的南瓜，又甜又粉的有日本南瓜，西餐用來焗或烤的有Butternut Squash南瓜。我就喜歡選用中國產咖啡色長身那種，價錢實惠，肉質香甜。汆燙時最要緊的是小心不要過熟，撈起後用冷的飲用水過水，可保持質感。
・除了買冷凍毛豆仁外，也可以買帶莢的新鮮毛豆，自己剝豆莢、挑豆。購買時以豆莢青綠、有絨毛、飽滿為佳。

香菜荷蘭豆拌豆皮

Coriander and Snow Peas with Fresh Soy Stick

素前菜的材料搭配很隨意，可隨個人口味去搭配。
我會以口感、香味及色澤來選擇用料，
畢竟前菜的作用是要引起食慾，是一餐的開始！

材料

新鮮豆腐皮	200克
荷蘭豆	50克
黑木耳	6朵（浸泡）
香菜	1小束
白芝麻	1茶匙
鹽	1茶匙
純麻油	2-3湯匙
鹽	適量（調味）

做法

1. 新鮮豆腐皮沖淨，切段；黑木耳浸泡後剪去硬端，然後撕碎；荷蘭豆撕去兩邊硬纖維；香菜沖淨及略切碎；白芝麻用白鍋炒香。

2. 燒半鍋水，加1茶匙鹽，先把汆燙新鮮豆腐皮（半分鐘），取出瀝乾，再把黑木耳汆燙。最後汆燙荷蘭豆，取出用冷的飲用水沖淨，然後切絲。

3. 全部材料放大碗內，加入麻油及適量鹽拌勻調味，撒下炒香的白芝麻，拌一拌便成前菜。

Note

· 無論是冷凍或新鮮豆腐皮必須要煮過。用汆燙的方法把新鮮豆腐皮以短時間煮過，既可使新鮮豆腐皮變軟，也可安全食用。但要注意切勿煮過頭，新鮮豆腐皮會溶化水中變成豆漿！

醬油 *Soy Sauce*

醬油是中菜烹調的調味磐石，它獨特的豆香味帶來了中菜的特質，絕對是不可或缺的角色！

蒸魚醬油

Soy Sauce for Steamed Fish

材料

淡醬油...................3湯匙
水............................1/3杯
糖............................1/2-3/4茶匙
八角........................1粒
香菜莖及根部........1-2株

做法

1. 淡醬油、水、八角及香菜放小鍋內煮滾，慢火煮5分鐘至味道香濃。取出八角及香菜，拌入適量糖調味。

2. 可趁熱淋在剛蒸好的魚上，或待涼放冰箱，日後可隨時使用。

> **Note**
> ・八角可提升淡醬油香味。
> ・香菜莖及根部一般都會丟掉。其實它的味道清香，洗淨後與淡醬油等一起煮，讓醬油的味道更佳。

辣醬油
Chilli Soy Sauce

材料
醬油............................1/4杯
（淡醬油與陳年醬油各半，取其色）
切碎的朝天椒....... 3-5隻（視個人口味）

做法
把切碎的朝天椒，放入醬油內浸泡至出味。

Note
・即泡即食的辣椒醬油芳香撲鼻，若預先泡製，醬油只會剩下辣味，香味遞減。

醬蘿蔔

Homemade Pickled Turnip

當我嘗第一口時，那清甜爽脆的獨特口感，
讓我愛上了上海醬蘿蔔，至今仍回味無窮。
所以每年到白蘿蔔當令的季節，
我都會醃泡十餘公斤，存放在玻璃瓶內，
送禮自用都適合。識貨的好友們，
也會適時出現，以免錯過了好吃的醬蘿蔔！

材料

白蘿蔔	600克
鹽	1平湯匙

滷汁

淡醬油	1/4杯
砂糖	100-120克
豆瓣醬	1湯匙（或隨意）

做法

1. 蘿蔔去皮沖淨，切塊狀或條或片，放大碗內，灑鹽拌勻，待最少半小時至出水。
2. 用乾淨毛巾吸乾蘿蔔水分。
3. 蘿蔔與滷汁拌勻，蓋好放入冰箱醃最少兩日便可品嘗。

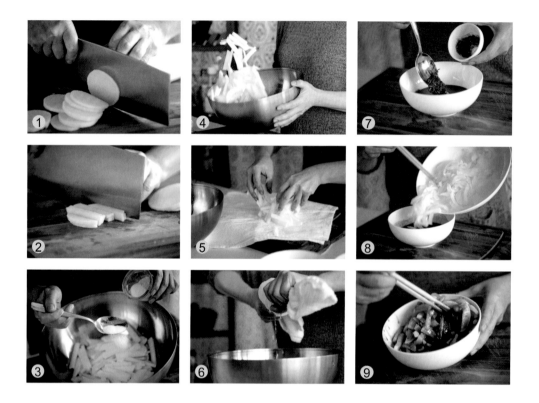

Note

・白蘿蔔拌鹽醃泡片刻可釋出水分，減低辛辣味。擠乾水分後的白蘿蔔會呈半透明，這會使白蘿蔔更容易吸收滷汁。

迷你東坡肉
Mini Dong Po Rou – Braised Pork

迷你東坡肉

Mini Dong Po Rou – Braised Pork

東坡肉膾炙人口,盛行多個世紀,至今仍大受歡迎。
現代人雖說要避吃肥膩食品,但只要東坡肉一出現,
還是抗拒不了!東坡肉究竟為何有此魅力呢?
或許就如蘇東坡自己所言:「慢火煮,少著水,火候足時它自美」。
選材適當,簡單煮法,注意不要多用水,加上火候足夠,
便成就了一道傳頌多個世紀的名菜。

材料

帶皮五花腩肉	1塊(約600-700克重,15公分方形)
薑	2-3厚片(略拍扁)
葱	1條(略拍扁)
黃酒	2湯匙
鹹水草	4條(用熱水浸軟)

滷汁料

陳年醬油	3-4湯匙
淡醬油	2-3湯匙
冰糖	3-4湯匙
八角	3-4 粒
薑	4片(略拍扁)
葱	1條
黃酒	1/4杯
水	約2杯(要浸過五花腩)

做法

1. 五花腩肉去淨毛,沖淨,把五花腩肉分切為4份方形小塊,用鹹水草紮好固定形狀。

2. 燒滾半鍋水,加入薑、葱及黃酒,放下五花腩肉塊,出水5分鐘,取出。

3. 五花腩塊放鍋內,加入蓋過表面的水及滷水料煮滾,改用慢火,蓋上鍋蓋,燜約1小時至軟。

4. 最後將醬汁煮至濃稠,與迷你東坡肉一起品嘗。

古法醬油雞

Soy Sauce Chicken in Clay Pot

時代巨輪不停轉，社會的步伐愈走愈快，

有時連一些好東西也在不知不覺間被淘汰了，

實在可惜！就好像砂鍋這個烹調好工具，

其製造原物料既耐熱又傳味，只要調整至適當火候，

不須大火，加點耐性，便可將食物「扣」得色、香、味俱存，

並非其他鍋具可代替的。只可惜現代人事事求快，

懂得欣賞它好處的人都不多了。

在此僅呼籲大家不要摒棄砂鍋，試試欣賞它的好處吧！

材料		醬汁	
光雞	1隻（1.2千克）	淡醬油	1/3杯
薑	4片	陳年醬油	3湯匙
葱	2條	黑糖	3/4-1塊（切碎）
		水	2-2又1/2杯
		黃酒	3湯匙

做法

1. 光雞沖淨及擦乾。

2. 砂鍋內將6湯匙油的油溫加高，爆香薑及葱，放入光雞，用中火煎至雞皮呈金黃色，取出多餘油分。

3. 加入淡醬油及陳年醬油，邊煮邊淋至雞皮上色。加糖、黃酒及適量水至浸過半隻雞，煮滾。蓋上砂鍋蓋用中慢火煮10分鐘。把雞翻轉至另一面，淋勻醬油，再蓋好煮5分鐘，重複兩至三次，視雞的大小，煮至雞熟及醬汁濃稠。

4. 取出雞，待略涼便切塊盛盤。

5. 先試醬油的味道，淋適量醬油於切塊的雞上。

Note

· 用黑糖可增加醬汁顏色及帶蔗香。

瑞士雞翅

 *Chicken Wings in Swiss Sauce*

瑞士雞翅蜚聲國際，稱得上是港式西餐的代表者，流行數十載，方興未艾。
對於此菜的出處，又是否真的由瑞士傳入呢？要製作瑞士雞翅，
主料是醬油、香料及冰糖。難道遠在他方的瑞士也流行使用醬油烹調？
翻查資料，其實是多年前有一位外籍遊客嘗過此菜後很喜歡，問其菜名，
服務員答：「Sweet Chicken Wings」，遊客誤解為「Swiss Chicken Wings」，
自此其名不脛而走，造就了一道名菜的誕生。

材料

雞翅.........................8隻

瑞士醬汁

水.........................4杯
淡醬油.....................1/2杯
陳年醬油..................1/2杯
冰糖.......................1/2-2/3杯
八角.......................2-3粒
甘草.......................2-3片
玫瑰露酒..................1/2湯匙

做法

1. 雞翅過水，沖淨，瀝乾。

2. 瑞士醬汁放入鍋內煮滾，用中慢火熬20分鐘至味道香濃偏甜；試味道。

3. 把雞翅放入瑞士醬汁內，先煮滾，隨即改用中慢火煮5-8分鐘，熄火浸泡20分鐘；取出盛盤。

Note

· 雞翅最適合用中慢火燜熟，然後留在醬汁內浸泡至入味。
· 如果瑞士雞翅涼後呈現皺皮，這表示煮雞翅時用了大火，或煮得過久。
· 這個甜醬油味道十分香濃。可存放冰箱，留作其他調味用途。

瑞士醬汁炒牛河

Stir-fried Rice Noodles with Sliced Beef in Swiss Sauce

由瑞士雞翅衍生出另一港式西餐名菜—瑞士醬汁炒牛河。

乾炒牛河固然是廣東菜炒粉麵類中不能或缺的名菜，

隨著瑞士雞翅的流行，

廚師也想到不如加入瑞士醬汁炒牛河，

因而製成一道我認為略帶少許東南亞炒粿條風味，

但又不帶辛辣的甜味炒牛河。

材料

炒河粉.....................400克

牛肉.........................100克

洋葱.........................1/4個

葱.............................1條（切段）

瑞士醬汁.................3湯匙

（燜瑞士雞翅的醬汁）

銀芽.........................50克

醃料

（一）

嫩肉粉或蘇打粉.. 1/4茶匙

水..............................1湯匙

（二）

蒜末..........................1茶匙

淡醬油 1又1/2茶匙

糖..............................1/4茶匙

太白粉......................1/2茶匙

油 1湯匙

做法

1. 河粉每條皆要分開放在盤上，放入冰箱或待至略乾。

2. 牛肉橫紋切薄片，先與醃料（一）拌勻，再拌入（二）待30分鐘。洋葱切細條；銀芽沖淨及瀝乾。

3. 將1-2湯匙油的油溫加高，先炒牛肉至九分熟，取出。

4. 將2湯匙油的油溫加高，把熱油在鍋內盪勻，放入河粉輕輕撥散，炒至微黃，加入洋葱及葱炒香。倒入牛肉炒勻，邊炒邊加瑞士醬汁，炒至均勻便加入銀芽，以大火快炒，即可盛盤。

河粉每條都要分開。

Note

‧將河粉放入冰箱或待至略乾再炒，待淋上醬料時，河粉可迅速吸收醬料的味道。

雙蔥爆牛肉片

Sauté Beef with Two Onions

用「爆」來形容這道菜的烹調手法最適合不過。
因為要做到牛肉香口及熟度適中，以及雙蔥仍保留爽脆，
必須要用熱鍋快炒才可做到。預備功夫也絕不可怠慢，
否則耽誤了烹調時間便做不成應有的效果了。

材料

牛肉片	250克
洋蔥	1/2個
蔥	4條

醃料

淡醬油	1/2湯匙
油	1湯匙

芡汁

水	4湯匙
陳年醬油	1湯匙
蠔油	1湯匙
糖	1湯匙
太白粉	1茶匙

做法

1. 牛肉片與醃料拌勻醃5分鐘。

2. 洋蔥切條狀；蔥切5公分段，蔥白略拍。

3. 將2湯匙油的油溫加高，將油在鍋內盪勻，加入牛肉，弄散，牛肉每邊略煎，炒至八至九分熟，取出。

4. 剩餘油爆炒洋蔥及蔥，牛肉回鍋炒，邊炒邊加入芡汁，大火炒至芡汁略為收乾，盛盤。

醬油皇薑蔥煎雞

Pan-fried Chicken with Ginger and Spring Onion

冷凍雞已成為香港人日常食材之一，經濟又方便。
有人總以為冷凍雞味道較活雞遜色，其實不然。
簡單的配料、醬油與糖，就可煮出美味可口的小菜。

材料	
冷凍雞	1/2隻
薑	6片（略拍扁）
蔥	4條（切5公分段）

醃料	
淡醬油	1湯匙
太白粉	1茶匙
糖	1/2茶匙
麻油及胡椒粉	少許
油	1湯匙

芡汁	
水	2湯匙
淡醬油	2茶匙
陳年醬油	1茶匙
糖	1茶匙

做法

1. 雞沖淨擦乾，切成小塊，與醃料拌勻醃10分鐘。

2. 將3-4湯匙油油溫加高，放下雞肉，用中慢火將兩面煎香，約8成熟，取出。

3. 剩1-2湯匙油爆香薑及蔥，加芡汁煮滾至濃稠。

4. 煎香雞肉放入芡汁內，用中猛火炒雞肉至收乾即可。

Note
・可選擇半隻雞或雞胸肉的雞肉。煎香的帶骨雞肉較雞胸肉口感層次多，味道更為甘香。

糖 *Sugar*

糖也是重要的調味料，除了製作甜點，鹹、酸、苦、辣的味道都需要加入適量的糖提鮮及平衡，缺了它便會令菜餚缺少了一個層次。

拔絲蘋果
Crunchy Spun Sugar Apples

何謂拔絲蘋果？其實就是把白糖煮成焦糖後，再用炸香的蔬果滾上成脆糖外衣，
是一道很受中外饕客歡迎的經典甜點。蔬果選材的範圍很廣，
如蘋果、香蕉、番薯、南瓜等都適合。做法是先把蔬果塊沾上炸漿炸香，
然後煮焦糖，把蔬果塊放入焦糖內拌勻。期間焦糖會拔起成絲，因而得名。
食用之前把蔬果塊放入冰水內浸泡，焦糖漿隨即遇冷變硬，便成脆皮。
這道甜點雖然頗花工夫，但效果極佳。你有信心挑戰嗎？

材料

蘋果	1個
炒香白芝麻	1茶匙
冰水	1大碗

炸漿

麵粉	100克
鹽	1/8茶匙
水	適量（約1/3 杯）

糖漿

白砂糖	120克
水	1/8杯

做法

1. 炸漿材料放大碗內，拌勻至可緩緩流下的程度。

2. 蘋果去皮及核，切塊。撒上1-2湯匙麵粉，使蘋果略乾，隨即放入炸漿內避免變色。

3. 將1/3鍋油的油溫加高，把沾滿炸漿的蘋果一塊塊放入油內，用中火炸至金黃香脆，取出，瀝乾油分。

4. 鍋內剩1湯匙油，沿鍋邊盪勻，加糖及水煮滾，中火煮至糖漿狀，呈現微黃色時，便把炸好的蘋果放入糖漿內拌勻，讓糖漿均勻裹著每塊蘋果。這時糖漿的黏性變強，每當用筷子拔起一塊蘋果時，糖漿即呈絲狀。

5 盛盤前撒下炒香白芝麻。

6. 食用時把每塊蘋果泡一泡冰水，使糖漿凝固。

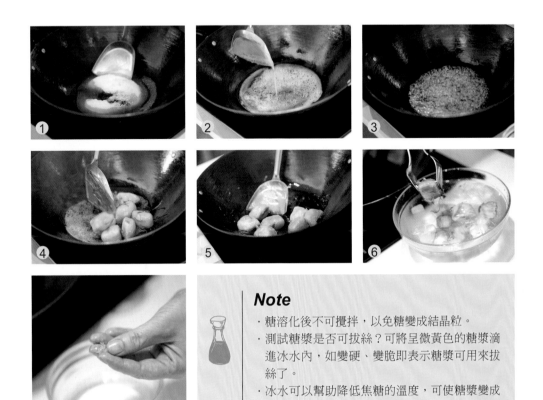

Note

· 糖溶化後不可攪拌，以免糖變成結晶粒。

· 測試糖漿是否可拔絲？可將呈微黃色的糖漿滴進冰水內，如變硬、變脆即表示糖漿可用來拔絲了。

· 冰水可以幫助降低焦糖的溫度，可使糖漿變成硬脆。

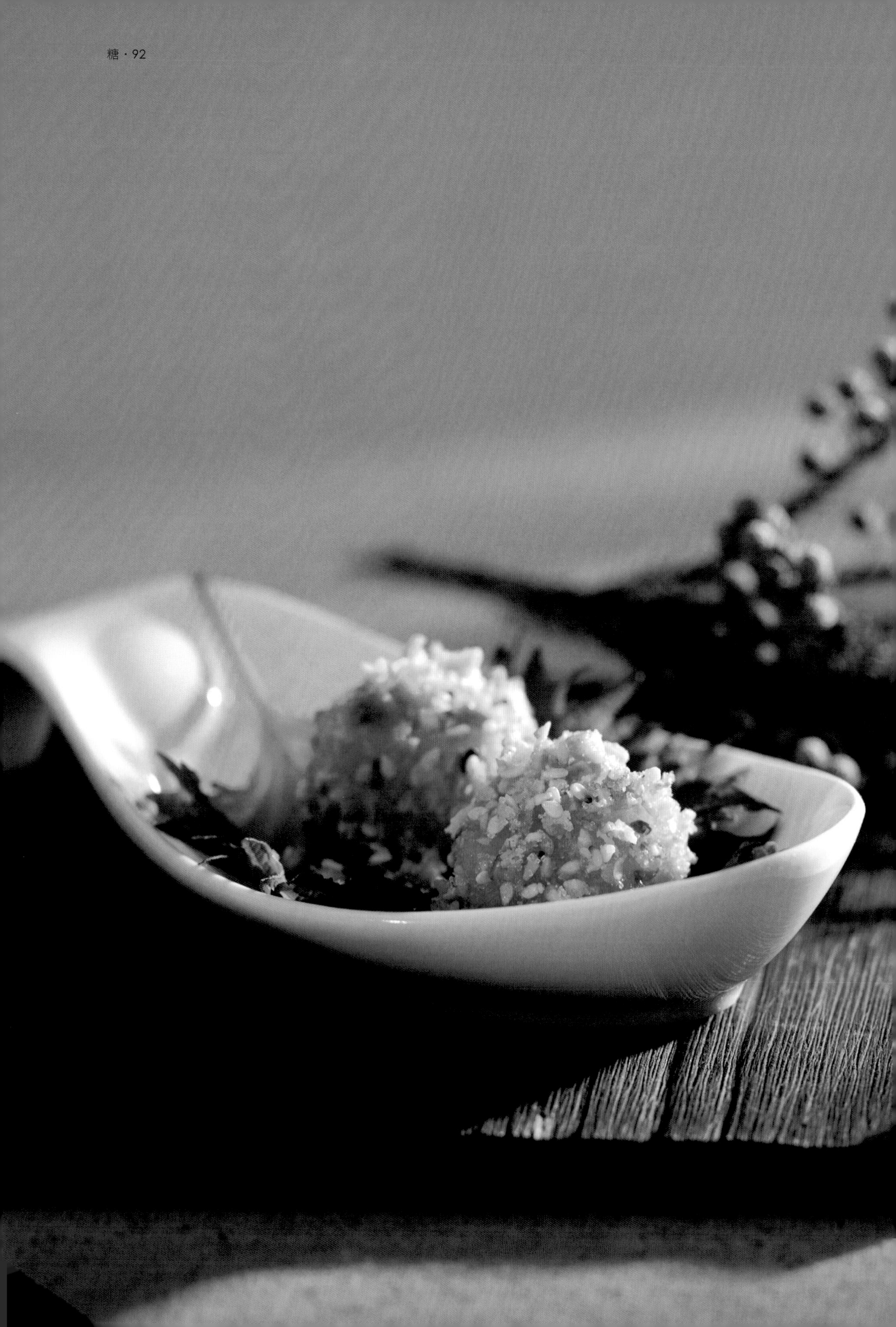

花生芝麻糖不甩

Sticky Rice Nuggets with Peanuts and Sesame Seeds

一款懷舊小吃，材料及製作簡單，不須特別修飾，
每口都帶來古早真材實料的滋味。

材料

（一）

糯米粉...................... 150克
澄粉........................... 3平湯匙
糖............................... 3湯匙
水............................... 約1/2杯（125-135 毫升）

（二）

切碎的烤香花生.. 1/2 杯
炒香芝麻................ 3湯匙
糖.............................. 3-4湯匙

做法

1. 糯米粉、澄粉及糖放入大碗內拌勻，加入適量水拌成軟而光滑的麵糰。
2. 預備一個已經刷油的盤子，再倒入麵糰，撥平。
3. 燒熱半鍋水，隔水蒸熟麵糰約8-10分鐘（視麵糰厚薄）。
4. 將切碎的花生、芝麻及糖盛放在碗內，拌勻。
5. 把蒸熟糯米糰剪成小塊，沾滿花生芝麻成糖不甩。

Note
· 澄粉是從麵粉提煉出來的無筋麵粉。一般用於製造糕點及米類麵條，加入澄粉的糕點及麵條會較爽口。

糖核桃
Walnut Kernel Candies

糖核桃、油炸餃子、炸芋片、芝麻球等是我每年新年都會自製的應節食品。

當中的糖核桃更會包裝成小禮品送給各親友，

禮輕情重，希望大家都有一個豐盛新年。

材料

核桃肉......................500克
冰糖........................300克
水..........................1又1/2杯
麥芽糖....................1湯匙
炸油........................適量
炒香白芝麻...........2茶匙

做法

1. 冰糖放入水內煮溶，慢火煮片刻後呈現少許黏性，加麥芽糖拌勻。

2. 核桃放入1/4鍋滾水內煮1-2分鐘，取出，瀝淨。

3. 把核桃放入糖水內浸泡6-8小時，待每粒核桃都裹著一層薄薄的糖衣。炸前瀝乾糖水。

4. 用大火將1/3鍋油油溫加高，把核桃放熱油內，然後把火候轉小，浸炸至金黃色，慢慢攪動使顏色均勻。取出瀝淨油分，撒下白芝麻。

5. 待涼後，才可放密封器皿儲藏。

（糖水煮至有少許黏性。）

> **Note**
>
> · 市面上出售的核桃肉分為有皮或去皮，兩者皆可用。去了皮的核桃肉當然是首選，但必須要新鮮的，否則容易變質。
>
> · 而有皮的新鮮核桃肉，經過汆燙，可去除外皮的苦澀味。

秋冬是芋頭當令的季節，很容易便可買到又香又鬆的芋頭，

這些良品就是用來製作反沙芋條的最必要元素。

反沙的做法是先把糖煮成糖漿，加入預先炸至熟透的芋條，

再慢慢炒至每條芋條都裹上了糖漿，並轉化成為結晶體狀。

反沙做得好，吃時外脆內鬆，可使人吃上三、四條，成為潮式晚宴的完美結局。

反沙芋條

Crystallized Taro Strips

材料

芋頭	300克
白砂糖	120克
水	1/8杯
紅葱	1粒（略拍扁）

做法

1. 芋頭去皮，洗淨，切1.5公分 x 1.5公分 x 6公分長條。

2. 將1/4鍋油的油溫加高，油微熱時放入芋條，用中慢火炸熟，使外層乾爽，取出。

3. 鍋內留1湯匙油炒香紅葱，然後取出紅葱。加水及糖煮滾，拌溶糖後繼續煮至呈現透明糖漿狀，不可以太稠。

4. 把炸好的芋條放糖漿內，不停與糖漿炒均勻，繼續炒至裹著芋條外層的糖變成白色「沙狀」，趁熱品嘗。

醋 *Vinegar*

想要做出酸甜、酸辣菜餚，又或製作醃漬菜，又怎能沒有醋的幫忙？

食用醋的種類繁多，全中國各地各省都有不同的品種，你又可知當中有何分別或如何使用？

大閘蟹醋
Vinegar Dip for Crab

材料

鎮江香醋................. 1/2杯
薑米.......................... 1/4杯
黃糖.......................... 2-3湯匙
淡醬油..................... 1/2-1湯匙

做法

1. 鎮江香醋與薑米一起放在小鍋內，用中慢火煮至薑味散出。

2. 拌入適量黃糖，讓醋有些甜味。

3. 最後加入適量淡醬油，調整至甜酸帶微鹹、芳香濃稠的蟹醋。

Note

· 薑米是把薑切成很小似米形狀，沒有汁液流出，仍然保存薑的辛辣味。若用磨碎的薑泥，味道與口感都不一樣。

蒜泥米醋

Minced Garlic Vinegar Dip

材料

白米醋......................3湯匙
蒜泥......................2茶匙
紅辣椒碎...............1茶匙
鹽及糖......................少許

做法

白米醋加入少許鹽及糖拌勻，再加入蒜泥及紅椒碎末即可。

Note

· 用手磨製新鮮的蒜泥比用機器磨的或搗過的蒜泥更清香。
· 如果白米醋的酸味過濃，可用少許冷的飲用水稀釋。
· 白米醋加入了少許鹽及糖，可提升整個蒜泥米醋的味道。

餃子醋

Vinegar Dip for Dumplings

材料

鎮江香醋..................4湯匙
細薑絲......................2湯匙

做法

把新鮮切好的薑絲放小碟內，加入適量鎮江香醋拌一拌。即可沾餃子。

Note

· 新鮮且剛拌好的餃子醋特別的清香，融入了辛香的薑味；醋配素或肉餡餃子，可有助消化。

松鼠魚

Squirrel Fish in Sweet and Sour Sauce

松鼠魚

Squirrel Fish in Sweet and Sour Sauce

明明是魚，為何會被冠以「松鼠」的名稱呢？
其實這是用來形容魚因為切割方法使它在煮熟後翹起，
形態就彷如松鼠尾巴一樣，因此而命名。

材料

花鯽魚	1條（500-550克）
蛋	1個（拌勻）
太白粉或麵粉	1杯
烤香松子仁	2湯匙

醃料

鹽	3/4茶匙
胡椒粉	少許

芡汁

（一）

青椒及紅椒	2湯匙（切丁）
鳳梨	1片（切丁）
蒜泥	1茶匙

（二）

水	3/4杯
白醋	3湯匙
茄汁	3湯匙
鹽	1/4茶匙
糖	1又1/2-2湯匙
太白粉	2茶匙
橙紅色素	適量（隨意）

做法

1. 花鯽魚去鱗、去鰓，用刀從魚的背部片成雙飛，切去魚骨，沖淨，抹乾，於魚肉上劃菱角形紋，抹上鹽及胡椒粉。將魚沾蛋液，再均勻撲上乾粉。

2. 燒半鍋油，把魚捏成松鼠形放入熱油內炸熟。將魚取出，再燒熱油，將花鯽魚回鍋多炸一次至香脆，取出盛盤。

3. 將1湯匙油油溫加高，爆香芡汁（一），倒入芡汁（二）煮成甜酸汁。

4. 將醬汁淋於松鼠形的桂花魚上，撒下松子仁，趁熱享用。

烤松子仁
把松子仁放烤盤內，用中慢火烤箱（攝氏180度）烤至金黃香脆，不時拌一拌使顏色均勻。

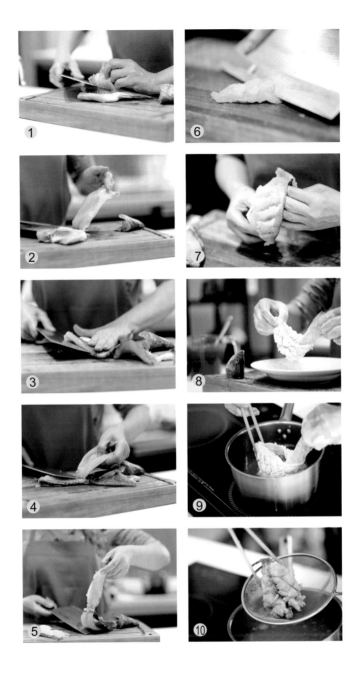

Note

· 切魚肉的刀一定要鋒利，否則很難切到齊整的魚片。
· 要將魚柳上多餘的粉拍掉，炸後的魚肉格仔紋才突出，也可避免炸油渾濁。
· 放魚柳下鍋時，確保要用手拿著魚柳的頭尾兩端以固定形態，讓魚肉炸起後形狀神似松鼠。
· 怎樣儲存炸油和保鮮？把炸油加熱蒸發水分和氣味。鐵網內鋪廚房萬用紙巾或蒸漏咖啡紙，倒入炸油濾淨雜物，待涼後儲藏，用於日常烹煮，盡快用完。

辣泡菜
Spicy Pickled Vegetables

這道爽脆泡菜味道鹹、酸，不甜，再加上四川花椒，
使味道帶點輕微的麻香。如用作餐前小吃，美味醒胃，
或是用來配飯，小心吃完一碗又一碗！

材料	
青花菜	300克
白蘿蔔	300克
尖紅辣椒	2-3隻
蒜頭	4粒（切碎）
薑	4片（切碎）
乾辣椒	2-3隻

泡菜滷汁	
米醋	1/4杯
鹽	1又1/2湯匙
糖	1湯匙
冷的飲用水	1又1/2杯
炒香紅川椒粒	2-3茶匙

做法

1. 白蘿蔔去皮與青花菜沖淨擦乾，切成小塊。

2. 尖紅辣椒切段，蒜頭略拍，薑切片；乾辣椒沖淨後剪去頭部，切段。

3. 泡菜滷汁拌勻至鹽及糖溶化。

4. 全部材料放入泡菜滷汁內拌勻，蓋好放入冰箱，最少兩天。

Note

· 首選玻璃、瓦質或瓷器皿盛裝泡菜；其次是不鏽鋼，忌用鐵、鋁或其他金屬，以免起化學作用。
· 用滾水沖淨器皿，晾乾才可使用。
· 選擇新鮮當令的蔬果做泡菜，例如夏令瓜果、秋冬根莖蔬菜。

越式雞肉法國麵包
Baguette with Chicken Julienne

我第一次遇上「越式法國麵包」並不是在越南或法國，而是溫哥華。

長居於此的姐姐深知我這個小妹饞嘴，因此總會為我多加留意有特色的食品。

有次又造訪姐姐，她特意開車前往烈治文，

極力推薦一間小店的「越式法國麵包」給我。

進店後我們分別點了雞肉和豬肉餡的法國麵包三明治。

不消一會三明治送到，麵包烤得外脆內軟，餡料都細心的撕成細絲，

加上大量的泡菜絲及香菜，滿滿的塞在麵包內，

必須要盡量張大嘴巴才可把麵包連同餡料一併放入口中。

與老闆娘攀談起來，原來她是我的忠心「粉絲」，大家一見如故，

大談美食經。老闆娘還提點要使這個越式法國麵包更美味，

一定要加點兒朝天椒末。向來不嗜辣的我起初有點抗拒，但品嘗過後，

發覺朝天椒真的能把本來已很美味的三明治味道更提昇一層！

材料

雞胸肉	300克
洋蔥	1/4個（切細條）
西芹	1/2枝（切段，略拍）
魚露	2湯匙
糖	1茶匙
黑胡椒碎粒	1茶匙
長法式麵包	1條（切4段）
豬肝醬或雞肝醬	適量
沙拉醬	適量
香菜	1束（清洗，去根部）
紅辣椒或朝天椒	1-2根（切薄片）

泡菜絲

細紅蘿蔔	1/2條（刨絲）
白蘿蔔	1/4條（刨絲）
白醋	2/3杯
白砂糖	1/2杯
鹽	1/4茶匙

做法

1. 泡菜絲：白醋、糖及鹽拌勻，分為兩份。紅及白蘿蔔絲分別放糖醋內，放冰箱醃泡30分鐘，用時取出瀝乾水分。

2. 洋蔥、西芹、魚露、糖及黑胡椒碎粒拌勻，抹勻雞胸肉醃1小時。雞胸肉放中火烤箱烤至兩面焦香及肉熟（約10-15分鐘）。取出略涼後，撕成細條狀。

3. 法式麵包用麵包刀橫劃開，放烤箱或烤爐烤脆。

4. 烤脆的法式麵包底邊抹上肝醬，加入泡菜絲、雞肉條、沙拉醬、香菜及紅辣椒（隨意），蓋上另一邊法式麵包，把餡料夾於中間。享用時配香濃越式濾滴咖啡，更顯風味。

越式濾滴咖啡
Vietnamese "Dripping" Coffee

越南咖啡的沖泡方法是把咖啡粉放在滴咖啡壺內，杯內加入適量煉乳，
然後把濾滴咖啡壺放置杯上，倒入沸水，讓咖啡一滴一滴的流進杯內。
整個過程緩慢進行，不能催促，否則咖啡便不夠濃了。
故此，越式濾滴咖啡總是給我閒適的感覺，邊等邊望街發呆，
讓腦筋靜下來，放鬆心情，享受悠閒一刻。

材料
越南咖啡粉
熱水
煉乳
一套越式濾滴咖啡壺
咖啡杯

做法

1. 把適量煉奶放咖啡杯內。

2. 濾滴壺放咖啡杯上，加入咖啡粉，輕輕撥平，上面放篩子。先加入少許熱水泡一泡咖啡粉（約30秒），然後把篩子輕輕向下壓，不可太實。再加熱水。蓋上蓋子，待咖啡慢慢滴入杯內。

3. 享用時把煉乳與咖啡拌勻。

糖醋排骨

Sweet and Sour Spareribs

甜酸味的菜餚在中國不同省份派系的菜餚中都有，
但當中的滋味又總有點不同。
其中一個原因就是使用了不同品種的醋，
使其甜酸味各有特色、各有千秋。
像這道「糖醋排骨」是上海菜中的冷盤，
使用了鎮江黑醋，醋味較濃厚，十分開胃。

材料

腩排.........................500克（切成3公分小段）
薑...............................4片
蔥...............................1條
黃酒 3湯匙
水...............................約300毫升（蓋過小排骨）
糖...............................2-3湯匙
淡醬油 1又1/2湯匙
鎮江黑醋 4-5湯匙
八角.........................2粒

做法

1. 小排骨沖淨及擦乾；將1湯匙油油溫加高，爆香薑及蔥，放入小排骨
   炒至微黃色，下黃酒，加適量水蓋過小排骨，加入其餘材料，先煮
   滾，改用慢火加蓋燜熟（約40-45分鐘）。期間要把小排骨略炒避免
   黏鍋底，需要時加適量水。

2. 小排骨燜熟後，改調中猛火快炒至醬汁濃稠。

Note

· 最後的步驟不可馬虎，要把糖醋汁翻炒至晶亮糖漿狀裹著每一
  顆小排骨。

京都排骨
Kingtao Pork Chop

京都排骨之所以成為廣受歡迎的名菜，
除了其討好的甜酸味外，使它與一般甜酸菜不同之處，
就是加入了略帶煙燻味的辣醬油，使味道更添層次。
記得有一次我利用這個京都醬汁煮了一道京都蝦給一位小朋友吃，
想不到事隔多年，該名小朋友已長大成人，並成了一名醫生，
但至今他仍銘記這道菜，而我就是「京都蝦Annie姐姐」了！

材料

無骨豬肉或里肌肉	400克
太白粉	1/2湯匙
紅葱	1粒（切碎）

芡汁

鹽	1/8茶匙
糖	1又1/2-2湯匙
水	3湯匙
大紅浙醋	3湯匙
茄汁	1湯匙
辣醬油	1茶匙

醃料

（一）

蘇打粉	1/4茶匙
水	1湯匙

（二）

五香粉	1/4茶匙
鹽	1/2茶匙
糖	1/2茶匙
太白粉	1茶匙
淡醬油	1茶匙
玫瑰露酒	1茶匙
蛋液	1湯匙
紅葱末	1茶匙

做法

1. 用刀背拍鬆豬肉，再切小片。先與醃料（一）拌勻，再加醃料（二）拌勻，待1小時。

2. 將1/4鍋油的油溫加高，豬肉瀝淨醃料，撒上太白粉，放熱油內炸熟，取出瀝乾油分。

3. 將1湯匙油油溫加高，爆香紅葱末，加入芡汁煮至濃香，把炸熟之豬肉回鍋，與芡汁炒勻至呈糖漿狀。

酒 *Wine*

酒可提鮮、增香、添味。在烹煮時，酒精遇熱產生片刻高溫並散發出誘人香氣，令人食欲大增。這就是料理酒的重要功勞之一了！

自家釀酒的趣味在於不同搭配，可依個人口味調整。
你可嘗試使用不同味道和酒精含量的酒、不同生熟程度的青梅，
與使用不同種類的糖，如冰糖、有機黃砂糖等等。
當然酒、糖及青梅的配方比例會影響梅酒的味道。
自釀梅酒是一件很好玩的事！快來釀製有你個人風格的梅酒吧！

自家釀青梅酒

Homemade Green Plum Wine

材料
花雕酒........................ 500毫升
新鮮青梅................ 400克
冰糖.......................... 300克

用具
乾淨玻璃瓶（把玻璃瓶放入滾水內煮15分鐘，瀝乾備用；或將洗淨瀝乾後的玻璃瓶注入少許酒盪勻，然後倒掉。）

做法

1. 青梅沖淨，除去蒂頭。擦乾或吹乾青梅至沒有水分，用鐵針於青梅肉上插幾下，可助青梅味道滲出。

2. 將冰糖與青梅分層放入玻璃瓶內，注入花雕酒蓋過表面，蓋上玻璃瓶蓋，封實。

3. 放在陰涼位置儲存，待六個月後便成醇香清甜的自家釀青梅酒。

青梅酒果凍

Green Plum Wine Jello

青梅酒最適合加冰飲用；梅味香、酒味醇，每口都清涼透心。
把它製成果凍，更添加QQ的口感！

材料
青梅酒.....................1又1/2-1又3/4 杯
吉利丁粉.................2平湯匙（20克）
水.............................1/2 杯
浸過酒的青梅.......數粒

做法
1. 把2平湯匙吉利丁粉舀於1/4杯清水內，待片刻至吉利丁粉吸收水分而膨脹。
2. 把其餘1/4杯水煮滾，放入已膨脹的吉利丁粉拌至溶化，待至略涼，與青梅酒拌勻。
3. 每個小杯內放一粒浸過酒的青梅，倒入梅酒果凍液，放入冰箱內凝固成果凍。

Note

・用1湯匙吉利丁粉（10克）對1杯液體可做成一般質感的果凍。
若喜歡軟滑口感的果凍，可多加3湯匙液體。

話梅花雕蝦

 Sour Plum Hau Diao Prawns

花雕酒味道香醇與海鮮十分搭配。
把燙熟的蝦浸於加熱的花雕酒內，端上桌時，
酒香與及蝦的鮮味迎面而來，芳香撲鼻！

材料

（一）
活中蝦.....................300克
花雕酒.....................1/4杯
（二）
話梅.........................6-8粒
花雕酒.....................1杯

做法

1. 話梅放入花雕酒內浸泡10分鐘。

2. 中蝦沖淨，瀝乾備用。烹調前5分鐘加入1/4杯花雕酒浸蝦。

3. 將話梅花雕酒慢火加熱，試味道。

4. 燒大半鍋水，加入中蝦燙熟，取出瀝乾水分。

5. 中蝦盛於深盤內，注入加熱之話梅花雕酒，即可享用。

Note
· 蝦要先燙熟，瀝乾水分，然後放入話梅花雕酒內，而不是把鮮蝦放入話梅花雕酒內煮熟，否則菜的味道偏腥。
· 這道菜的蝦味鮮而酒味香甜，若要酒味濃些，可以隨意減少話梅。

醉轉彎

Drunken Chicken Wings

剛認識「醉轉彎」時，光看名字無法猜透是什麼樣的一道菜，
上桌後便知道原來是雞翅膀的轉彎位置。這個部位肉不多，
但懂得欣賞的人就是喜歡它的嫩滑。特別是用來做冷菜，
翅膀吸收了花雕酒的酒香，便更顯香滑！

材料

冷凍雞翅.................500克
薑汁.........................1湯匙
鹽.............................2茶匙

花雕醉雞湯汁

蒸雞汁.....................1/2-2/3杯
花雕酒.....................1/2-2/3杯

做法

1. 將雞翅沖乾淨，放入熱水內過水3至5分鐘，取出，用清水沖淨，去除油脂。

2. 雞翅擦乾後，先用薑汁抹勻，再抹上鹽，醃15分鐘。

3. 把雞翅排放盤上，隔水用中火蒸8分鐘。不用打開鍋蓋，待10分鐘，使雞翅熟透。取出蒸好的雞翅，用飲用冰水浸涼，使皮爽脆；將蒸雞翅的湯汁留下。

4. 花雕醉雞湯汁拌勻，試味道，可多加些花雕酒使酒味更濃。

5. 把雞翅浸於花雕醉雞湯汁內，翌日成涼菜品嘗。

Note

・冷凍雞翅價錢較新鮮的雞翅便宜，如處理得宜，味道不比新鮮的遜色。我用花雕酒和蒸雞翅的湯汁將雞翅浸至入味，味道一級棒！

・不要用大火蒸雞翅或蒸過頭，否則雞皮會起皺紋及近關節部位會爆裂。

「嫲嫲月婆雞酒」是我嫲嫲的拿手好菜。
這滋養補品不限於「月婆」專利。嫲嫲知道我很喜歡吃，
每逢於一家團聚的晚飯及我的生日，這味雞酒必定不可少。

嫲嫲月婆雞酒

Chicken in Brown Wine Broth

材料

光雞	1隻（1.2千克）
薑	150-200克
木耳	2-3朵（20克）
黃酒	2杯
水	5-6杯
鹽	少許

雞蛋（每人1顆）

做法

1. 光雞洗淨及擦乾，切塊備用。

2. 薑去皮，沖淨，切片。

3. 木耳沖淨，用水浸泡，取出剪去硬端，然後撕碎。汆燙，再沖淨。

4. 將2湯匙油油溫加高，先爆香薑片，加入雞肉爆炒至微金黃，下木耳，炒數下，加入黃酒邊煮邊炒至均勻。倒入水再煮滾，改用中慢火，蓋好煮25至30分鐘，加適量鹽調味。

5. 雞蛋用油煎成荷包蛋。

6. 食用時把荷包蛋放進月婆雞酒內煮滾，一起品嘗，以增添營養及味道。

Note

・其他家鄉的做法可加入豬肉、豬肝、豬粉腸、紅棗或香菇等等。
・各處鄉村各處例，有些食譜會用米酒，但我喜歡黃酒的香氣，你不妨試試。

畫龍點睛的調味料

書　　名 / Annie的美味廚房－畫龍點睛的調味料
作　　者 / 黃婉瑩
發 行 人 / 程安琪
總 策 劃 / 程顯灝
執行總編 / 盧美娜
主　　編 / 譽緻國際美學企業社、莊旻嬪
美　　編 / 洪瑞伯
封面設計 / 洪瑞伯

出 版 者 / 橘子文化事業有限公司
總 代 理 / 三友圖書有限公司
地　　址 / 106 台北市安和路二段213號4樓
電　　話 / (02) 2377-4155
傳　　真 / (02) 2377-4355
E - m a i l / service@sanyau.com.tw
郵政劃撥 / 5844889 三友圖書有限公司

總 經 銷 / 大和書報圖書股份有限公司
地　　址 / 新北市新莊區五工五路2號
電　　話 / (02) 8990-2588
傳　　真 / (02) 2299-7900

初　　版 / 2014年05月
定　　價 / 新臺幣 300 元
I S B N / 978-986-364-006-6

http://www.ju-zi.com.tw

Annie的美味廚房：畫龍點睛的調味料 / 黃婉
瑩作. -- 初版. -- 臺北市：橘子文化, 2014.05
　面；　公分
ISBN 978-986-364-006-6(平裝)

1.食譜　2.調味品

427.1　　　　　　　　　　　103008240